DISSERTATION

Sur la formation de trois différentes espéces de Pierres figurées qui se trouvent dans la Bretagne.

RIen n'est plus propre à exciter l'émulation que les bons exemples ; les observations de M. de Secondat sur certaines pierres paralellipipedes qui sont entraînées par les eaux des sources de Bareige, & qu'il a reconnu être formées dans une espéce de pierre ardoisine au travers de laquelle filtrent ces eaux minérales, ont occasionné celles que j'ai faites sur trois espéces de productions, à peu près semblables que l'on rencontre en Bretagne. La premiere & la plus approchante des pierres décrites par ce sçavant Académicien de Bordeaux, est une espéce de pierre quarrée formée dans une pierre ardoisine d'un gris bleuâtre, dont on a construit depuis bien des années le bâtiment de Boisorcan près Chateaugiron à trois lieues de Rennes. Ces pierres qui sont semblables à peu de choses près aux candas des Indes, aux pyrites quarrées d'Espagne, d'Angleterre, d'Auvergne, & d'une infinité d'autres endroits, doivent constament leur formation au soufre, au vitriol martial & à une base de sel gemme ou marin; quoique l'on ne puisse retirer tous les principes de cette pyrite, par l'analise. La longueur des tems, les différentes évaporations, les lotions continuelles des pluyes & divers autres accidens, les ont en effet dépouillés de la plûpart des principes de leur cristalisation, mais ils n'en sont pas moins le résultat du mêlange & de la combinaison de ces matiéres. Tout le monde sçait que le sel marin se cristalise en cubes ou quarrés soit pleins soit creux; le sel gemme qui n'en differe que par sa terre qui est plus fixe, en quarrés alongés; & lorsque du soufre, du fer ou du vitriol de Mars qui n'est qu'un fer dissous, s'y trouve réuni à un certain degré, il en résulte des cristaux quarrés longs, tels que les candas ou pyrites quarrées. Cette vérité se manifeste évidemment dans le résultat d'une évaporation, faite par le fameux Cheucher, d'une mine de vitriol de Suisse des environs du Lac de Zuric, que je conserve, & dont tous les cristaux qui sont d'un jaune obscur & ferrugineux forment parfaitement des quarrés allongés, & ressemblent si fort aux pierres quarrées d'Auvergne, d'Espagne & du Boisorcan, qu'on ne peut douter qu'elles n'ayent le même principe. Peut-être un peu plus de métal, de soufre ou des parties pierreuses leur donnent-elles plus de solidité, mais sans en changer la nature.

La seconde de ces productions que l'on trouve en Bretagne est répandue dans le canton des Salles de Rohan, &

ſur-tout aux environs de l'étang des forges de ce nom. Ce ſont des pierres en eſpéces de quilles ou lardons quarrés plus ou moins longs, mais exactement quarrés dans toute leur longueur qui va quelque fois juſqu'à deux pouces, deux pouces & demi de longueur ſur environ un quart de pouce, un peu plus ou un peu moins de diamétre. Elles ſont renfermées dans une pierre ardoiſine bleuâtre plus ou moins dure dont on s'eſt ſervi dans les bâtimens du Château des Salles de Rohan, dans celui de l'Abbaye de Bonrepos, & dans pluſieurs maiſons du canton. Ces pierres dont le ſommet eſt très-uni lorſqu'elles ſont entieres, ſont ordinairement, ainſi que leurs ſurface extérieure, couvertes dans toute leur longueur d'une subſtance micaſſée ou talqueuſe aſſez fine & déliée. Le ſommet paroît traverſé d'une croix bleuâtre, à peu près comme les pierres de croix des environs de Compoſtel en Galice, auxquelles j'attribue auſſi une même origine. Elles n'ont de différence que la groſſeur qui eſt beaucoup plus conſidérable dans les pierres de croix de Compoſtel, dont la quille eſt cylindrique, ou plus ſouvent conique; au lieu que celles de nos pierres des Salles de Rohan ſont toujours exactement quarrées ou en lozange. Ces pierres dans leur ſommet portent l'image d'une croix de S. André figurée par deux lignes bleuâtres qui partant de chaque angle, forment au centre de la pierre un noyau bleuâtre plus ou moins large, qui conserve toujours la même figure quarrée ou de lozange dans toute la longueur de la pierre. Quand on la rompt transversalement, ce noyau ressemble au vuide d'une macle dont la partie cristalisée qui est d'un blanc jaunâtre représente assez bien la figure d'une des macles dont les armes de la maison de Rohan sont composées.

Ces pierres se trouvent ordinairement ensevelies dans une pierre ardoisine plus ou moins dure & bleuâtre, approchante de celle où l'on trouve les pierres quarrées de Boisorcan & de Bareige, ce qui m'a fait soupçonner qu'elles pouvoient avoir un principe de formation à peu près ſemblable. En effet ſi les pierres quarrées ou candas des Indes doivent leur criſtaliſation à une baſe ou diſſolvant ſemblable à celle du ſel gemme qui ſe criſtaliſe en quarrés longs, & a un mêlange de ſoufre & de principes vitrioliques & ferrugineux, pourquoi ces pierres de macles que l'on voit revêtues de mica (annonce aſſurée d'une décompoſition vitriolique) ne ſeroient-elles pas la criſtaliſation de quelque acide analogue à leur formation.

Perſonne n'ignore que le ſel marin, comme je l'ai remarqué ci-devant, ſe criſtaliſe en cubes, mais ces cubes ne ſont pas toujours exactement pleins & ſolides, on en trouve ſouvent de creux, d'autres en eſpece d'antonoirs ou de pyramides renverſées, compoſées de quatre triangles obtus formés par des eſpéces de gradins qui diminuent juſqu'au centre. Cette criſtaliſation imparfaite eſt due à la quantité ſurabondante du fluide, à la lenteur de l'évaporation & à la compreſſion de l'air contenu dans les bulles d'eau qui s'évaporent. Tous ces quarrés ou plutôt ces quatre triangles qui les forment, ſemblent unis par des ſutures qui ſe croiſent d'un angle à l'autre, & laiſſent au centre un quarré régulier encore plus enfoncé que les autres côtés, ſouvent même entierement vuide. De ſemblables quarrés ſucceſſivement poſés les uns ſur les autres, ſemblent former ces quilles ou lardons des macles. Une ſubſtance pierreuſe & criſtaline forme les quarrés extérieurs, le centre & les sutures sont remplies & imbibées d'une substance d'un gris foncé tirant sur le bleuâtre, semblable & de la même nature que la pierre ardoisine, plus ou moins dure, dans laquelle on trouve ordinairement ces lardons ensevelis. Il paroîtroit donc vraisemblable que ces cristalisations pierreuses & cristalines seroient dues à l'acide, à la base du sel marin, & à quelques parties de soufre, de fer & de vitriol qui formés dans le liquide avec lenteur, ont acquis leur longueur par les différentes couches de ces mêmes cristaux successivement déposés les uns sur les autres, & attirés au tour d'un centre moins solide. Il paroîtroit aussi que les bouts ou extrémités se sont allongés, & par leur poids se sont précipités dans un limon noirâtre qui en a rempli & imbibé le centre & les réunions des divers triangles ce qui fait qu'aujourd'hui (que toutes ces matiéres ont acquis plus de solidité) on y remarque aux unes la croix, aux autres le centre noir entouré d'un lozange blanchâtre qui imite la figure des macles, dont elles portent le nom.

La preuve du mécanisme & de la cristalisation successive de ces pierres ou lardons est d'autant plus manifeste qu'elles se rompent avec facilité en travers suivant les lits de leur couche successive. Ce centre & les quatre sutures & angles ne montrent d'autre organisation & d'autre arrangement que celui de la pierre qui les environne. Lorſqu'on les rompt dans leur longueur, la partie blanche ou jaunâtre ſe trouve toujours ſtriée, & les ſtriées ſe dirigent toujours paralellement vers le centre qui n'a ni en long ni en large d'autre figure que celle de la pierre qui les environne. Le centre de quelqu'unes de ces pierres eſt quelque fois rempli de matiéres ferrugineuſes, d'autres fois d'une eſpéce d'ocre rouge, ce qui prouve qu'originairement ces centres étoient creux, & n'ont été remplis de cette ſubſtance noirâtre qu'en ſe plongeant & s'imbibant peu à peu du même limon durci qui forme les pierres où on rencontre aujourd'hui celles de macles ſi confuſément déposées, que ſouvent on en trouve deux, même trois & plus qui s'uniſſent, ſe croiſent & ſe confondent enſemble, ce qui prouve leur premier état de moleſſe lorſqu'elles ſe ſont précipitées. L'analiſe chimique de ces pierres m'a peu donné de leur principe par la lotion & l'évaporation, j'ai eu un peu de ſel approchant du ſel marin ; leur poudre calcinée fournit peu de parties de fer à l'aiman, on n'y reconnoît aucun autre principe, la longueur des tems, les évaporations & les lotions continuelles des eaux ayant enlevé les principes de leur primitive criſtaliſation.

L'extrême reſſemblance qui eſt entre ces pierres & celles dites de croix que l'on rencontre aux environs de Compoſtel, me fait juger qu'elles ont les unes & les autres à peu près la méme origine, & que leur formation est due à un mécanisme à peu près semblable.

La troisiéme des productions de ce genre que l'on rencontre en plusieurs endroits de Bretagne, sur-tout dans les Paroisses de Baud au canton de Couetligué & de Plumellin, près les Chapelles de S. Jean du Boteu ou de Keridou, & dans l'espace de plus de trois quarts de lieue dans ce canton, & dans un autre de la Paroisse de Scair, au Diocèse de Quimper, nommé la Chapelle de Quadry. Ces pierres que l'on nomme à juste titre pierres de croix, ne sont, comme toutes les précédentes, que des pirytes pierreuses dont les parties sulfureuses, salines, vitrioliques & métalliques se sont évaporées, dissoutes, & ont été entraînées par les lotions continuelles des eaux tant des pluyes que des rosées, &c. & n'ont laissé que la partie pierreuse, talqueuse micassée dont elles sont encore revêtues aujourd'hui. Ces pierres de croix de Bretagne sont bien différentes de celles de Compostel, celles-ci ont la figure de la croix dans leur intérieur, celles de Bretagne l'ont extérieurement & de plus d'une façon; car les unes sont pleines, les autres sont détachées, quelques unes sont en sautoir ou croix de S. André; quelques unes sont défectueuses, & ce sont celles qui m'ont servi à en concevoir le mécanisme. Ces pierres ont toutes une forme réguliere & ressemblent en quelque sorte à des pirytes exaédres, semblables à certains cristaux de borax que je tiens de Monsieur Geoffroy, & en quelque sorte plus semblables encore à quelques cristaux de sel de Seignette seulement pour la figure. Ces pierres ou cristaux terreux ou pierreux cristalisés par des sels analogues à leur figure, dans un grand liquide, étant mols & susceptibles de réunion par l'évaporation de l'humide, se sont précipités & déposés confusément les uns sur les autres, s'y sont incorporés, & ceux qui sont tombés sur d'autres transversalement, se sont confondus au centre & ont formé par le desséchement ces trois croix pierreuſes, qui ſont la matiére de notre obſervation; lorſqu'elles ſe ſont précipitées de travers, elles ſe ſont unies également par le point où elles ſe ſont touchées, & ont formé des ſautoirs ou croix de S. André plus ou moins régulieres, & c'eſt cette confuſion & le hazard de leurs rencontres qui en a cauſé toutes les variétés. Ces pierres qui n'ont plus aucune trace des principes de leur formation, n'ont d'autres qualités que celles des pierres. Elles n'ont plus de ſels, plus de ſoufres, plus ou preſque point de parties métalliques, elles ſont ſeulement couvertes & environnées de talc en aſſez grande abondance.

FIN.

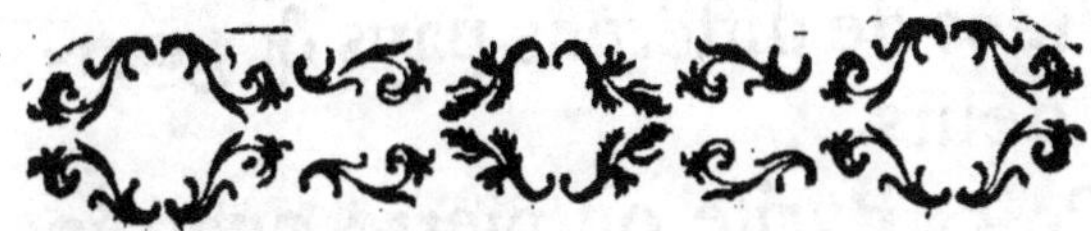

EXPLICATION DES PLANCHES.

Le N°. 1. repréſente le cube allongé d'un criſtal de ſel gemme.

N°. 2. Repréſente deux criſtaliſations de ſel gemme mêlées avec du ſel marin & du vitriol.

N°. 3. Repréſente un amas de petits cubes allongés de couleur ferrugineuſe, au quart de leur grandeur naturelle, criſtaliſés par Cheucher, & tirés d'une mine de vitriol des environs du Lac de Zurich en Suiſſe.

N°. 4. Pyrites ou pierres quarrées de différens pays & grandeurs.

N°. 5. Pyrite ou pierre quarrée des Indes appellée Candas,

N°. 6. Amas de pyrites semblables.

N°. 7. Pierre ardoisine d'un gris bleuâtre dont on s'est servi anciennement dans le bâtiment du Château de Boisorcan appartenant à M. le Président de Chataugiron à trois lieues de la Ville de Rennes en Bretagne.

N°. 8. Différentes configurations de grains de sel marin.

N°. 9. Fragmens de pyrites sellulaires.

N°. 10. Autre espece de pyrite columnaire.

N°. 11. Différentes configurations des sommets & quilles ou lardons de certaines pyrites que l'on trouve dans une pierre d'un gris bleuâtre dans le Duché de Rohan en Bretagne, & que l'on nomme pierres de macles à cause de la ressemblance des macles ou lozanges percées qui composent les Armes de la Maison de Rohan, & certaines lozanges à peu près semblables que représentent les sommets & la coupe transversale de ces sortes de pierres.

N°. 12. Coupes longitudinales de deux de ces pierres qui font appercevoir les centres d'une autre matiére & les couches orizontales de leur cristalisation.

N°. 13. Représente une de ces pierres, dont le centre est creux & teint de matiere ferrugineuse.

Nº. 14. Repréſente différentes réunions de ces mêmes pierres avec les ſommets des unes chargées de la figure d'une croix & les autres de celle d'une macle.

Nº. 15. Fragment d'une de ces pierres dont le noyau ou centre ſemble ſortir de la lozange, & fait voir qu'il eſt d'une autre nature que les bords, n'étant point formé par ſtries ou lames.

Nº. 16. Pointe ou extrémité inférieure de la plûpart de ces pierres.

Nº. 17. Configuration d'un criſtal de borax criſtaliſé par M. Geoffroy.

Nº. 18. Différentes formes de criſtaux de Seignette.

Nº. 19. Pyrite poliedre dorée.

Nº. 20. Pyrites octaedres.

N°. 21. Pyrites décaedres.

N°. 22. Parties ſimples de pyrites pierreuſes qui ſe trouvent en Bretagne près Baud & autres lieux, nommées pierres de croix.

N°. 23. Parties irrégulieres plus composées.

N°. 24. Deux de ces parties ſimples croiſées irréguliérement & formant une eſpece de ſautoir.

N°. 25. Deux de ces parties exactement croiſées & formant une croix exactement découpée.

N°. 26. Autre pierre de la même eſpece formant une eſpece de croix de Malte.

Les deux figures du bas de la Planche ſont deux différentes tranches de pierre de croix de Compoſtel dans leur grandeur & forme naturelle.

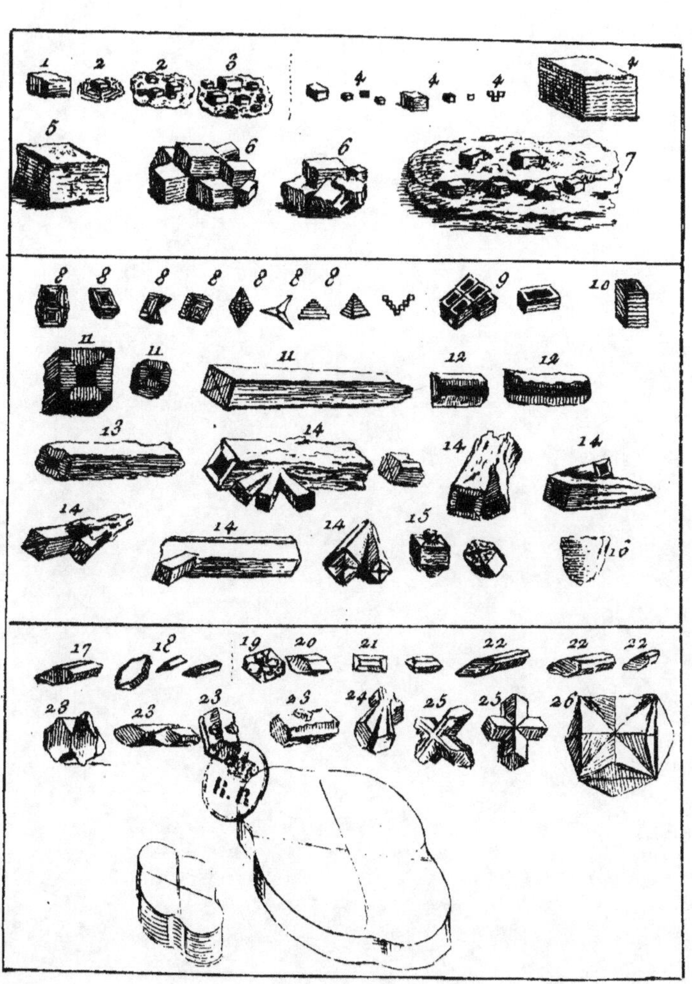